Quadrupèdes, etc.

L'ART D'EMPAILLER
MONTER LES PEAUX
... de toutes les préparations jusqu'ici

... D'ARTS.
...-ARCS, 39.

PROCÉDÉS GANNAL

MIS A LA PORTÉE DE TOUT LE MONDE.

EMBAUMEMENT

APPLIQUÉ A LA CONSERVATION INDÉFINIE

DES ANIMAUX,

SANS MUTILATION.

Imprimerie VINCHON, rue J.-J. Rousseau, 8.

Gannal

PROCÉDÉS GANNAL

MIS A LA PORTÉE DE TOUT LE MONDE.

EMBAUMEMENT

APPLIQUÉ A LA CONSERVATION INDÉFINIE

ET SANS MUTILATION

DES

Oiseaux, Quadrupèdes, etc.,

DÉCOUVERTE

Qui a mérité à l'Inventeur le grand prix MONTHYON;

Suivi de

L'ART DE MÉGIR, DE PARCHEMINER, D'EMPAILLER
ET DE MONTER LES PEAUX.

Méthode qui dispense de toutes les préparations jusqu'ici
usitées.

Ces procédés sont d'une exécution si simple et si économique
qu'une dépense de quelques centimes suffit pour la
conservation de plusieurs sujets.

3me ÉDITION.

PRIX : **1** FRANC.

PARIS.

DESLOGES,

ÉDITEUR D'OUVRAGES D'ARTS,

RUE SAINT-ANDRÉ-DES-ARTS, 39.

1840.

Introduction.

Fidèle à la tâche que nous avons entre-
prise, de livrer à la publicité toutes les décou-
vertes qui intéressent les sciences et les arts,
nous avons eu hâte de signaler celle que
nous devons à M. Gannal, et dont toute la
presse périodique a retenti. On nous saura
gré d'avoir indiqué dans quelques pages les
moyens employés par ce célèbre chimiste
pour l'embaumement et la conservation des
animaux; moyens qu'il nous a communiqués,
et que nous avons indiqués avec une scrupu-
leuse exactitude. Nous avons cru que l'art
d'empailler les peaux prenait naturellement
place à la suite de ces procédés qui, appliqués à leur conservation, dispensent d'employer les autres préservatifs, qui n'ont pas
comme ceux de M. Gannal le précieux avan-

tage des préserver les sujets des attaques ex-
térieures des insectes. Cette publication prenait naturellement place à la suite de celles
que nous avons déjà faites, et qui ont été ac-
cueillies avec une faveur telle, que nous nous
sommes trouvé dans la nécessité de les réim-
primer à plusieurs éditions. C'est ainsi que
nous avons vu s'écouler rapidement la *Peinture lithocromique*, la *Peinture orientale et sur
verre*, l'*Art de la Punctographie*, et l'*Histoire naturelle des papillons*, contenant la manière de s'en emparer, de les conserver en
collections, etc.; 1 joli volume-album orné
de 16 planches, etc.

EMBAUMEMENT

OU

CONSERVATION DES ANIMAUX

DESTINÉS

A L'ÉTUDE DE L'HISTOIRE NATURELLE.

Nos ancêtres ne connaissaient point d'autre moyen de conserver les animaux, que les divers procédés d'embaumement usités pour les corps humains. Jusque dans ces derniers temps, on ignorait même la propriété que possède l'esprit-de-vin de pouvoir préserver la matière animale de la fermentation putride ; aussi le célèbre Cuvier considère-t-il cette découverte comme la principale cause des progrès qu'on a faits de nos jours dans l'étude de l'histoire naturelle et de l'anatomie comparée. Avant ces derniers temps, tous les cabinets d'histoire naturelle n'étaient garnis

que de quelques peaux d'animaux qui se dé-
térioraient promptement. Nous-même avons
vu le cabinet de Baumé, où tous les animaux
étaient encore en peaux. Plus tard seulement
on commença à les remplir et à les monter.
Alors les peaux étaient bourrées d'étoupes,
de filasse, de mousse de foin ; mais le plus
souvent, et surtout les grands animaux,
étaient bourrés de paille, d'où nous est venu
le mot d'empailleur.

L'art des embaumemens proprement dit,
ou la conservation indéfinie du corps humain
et de quelques animaux, a été pratiqué dans
les temps les plus reculés et à des époques
antérieures à tout ce que nous savons. Tout
le monde a vu ou entendu parler de cette innombrable quantité de momies qu'on trouve
encore en Égypte, et qui datent de deux à
trois mille années. Les xaxos, ou momies
guanches, sont à peu près de la même époque.
Bien des personnes prétendent que les procédés des Égyptiens sont perdus, cette assertion
est inexacte. Ces procédés sont parfaitement
connus, seulement ceux qui en ont parlé ne se

sont pas donné la peine de réfléchir qu'en se servant des procédés égyptiens ailleurs qu'en Egypte, c'est-à-dire dans des conditions de température et d'hygrométrie différentes, on ne doit point avoir de résultats identiques.

Nos ancêtres, les Gaulois, avaient aussi des moyens de conserver les corps, mais leurs momies et leurs procédés ne sont pas venus jusqu'à nous.

Les Grecs et les Romains momifiaient les corps, mais plus rarement; cela n'avait lieu chez eux que dans quelques cas, et il ne nous reste aucun indice des procédés qu'ils ont pu pratiquer et des cadavres préparés par eux.

L'art des embaumemens est tombé en désuétude pendant ces derniers siècles, sans doute à cause de l'imperfection des moyens employés pour assurer la conservation. Depuis bien des siècles, l'art d'embaumer consistait à hacher et à farcir la chair humaine ; mais l'ignorance des opérateurs était telle, qu'ils hâtaient la décomposition plutôt que d'en retarder l'effet. Cela devait être et paraîtra naturel à toute personne qui considérera le mélange absurde des substances qu'ils employaient dans leurs embaumemens.

Ce n'est que dans ces derniers temps que quelques savans ont fait des efforts pour raviver cet usage. Parmi eux, nous pouvons citer le célèbre professeur Chaussier, M. Pelletan, le baron Larrey, etc.; M. Baudot a fait quelques tentatives, mais aux notions positives déjà connues et publiées avant lui se trouvent jointes des pratiques empiriques qui ont gâté sa chose.

Nous croyons que personne encore n'avait atteint le degré de perfection auquel est arrivé M. Gannal. Sauf la durée, que nous ne pouvons garantir, puisque le temps seul peut donner cette preuve, les corps préparés par ce chimiste présentent une supériorité incontestable sur tout ce qui est connu jusqu'ici. Tous les embaumeurs, les Grecs, les Romains, les Guanches, les Égyptiens eux-mêmes, extraient les cerveaux et les viscères, tandis que M. Gannal conserve les cadavres avec tous leurs organes ; une simple incision au cou, pour chercher l'artère carotide, lui suffit. Par cette artère, il pratique une injection qui neutralise les matières animales putrescibles et conserve le cadavre dans toute son intégrité; là, plus de mutilation, plus de soustraction d'organe, surtout plus de ces profanations qui révoltaient le cœur des familles.

Une fois l'injection terminée, la plaie est fermée par un point de couture, et désormais le cadavre ne peut plus éprouver que l'un des deux changemens suivans : exposé à l'action de l'air libre, il doit se dessécher plus ou moins rapidement, suivant l'intensité du courant d'air et suivant la saison; ou, déposé dans un endroit humide, se moisir plus ou moins rapidement; mais les personnes embaumées par lui sont placées dans de telles conditions, qu'elles ne peuvent ni se sécher, ni se moisir; elles ne peuvent être attaquées par les vers, et la fermentation putride est désormais impossible. Or, nous le demandons, quelle cause peut altérer ses momies? Son procédé a surtout un avantage immense, celui d'être bon marché, son maximum n'étant que 2,000 fr., et qu'en outre il a fait imprimer un fait fort

important, en s'engageant à pratiquer gratui-
tement l'embaumement toutes les fois qu'une
famille le demande.

Il est pénible de voir que ce chimiste qui a
rendu publics ses procédés de conservation
anatomique, les procédés de taxidermie et
d'histoire naturelle, qui n'a gardé pour lui que
son procédé de conservation indéfinie des cadavres, se trouve exposé trop souvent à faire
valoir ses droits de propriétaire, breveté d'invention, contre des personnes qui, pour gagner
quelqu'argent, ne craignent point d'exposer
de paisibles familles à des débats judiciaires.

Ses moyens de conserver les animaux sont
tout aussi simples; et si, dans son intérêt, il a
jugé convenable de s'assurer par un brevet
d'invention la propriété de ses procédés d'embaumement, nous devons le féliciter d'avoir
rendu public tout ce qui concerne la conservation des cadavres anatomiques, ainsi que ses
procédés de conservation pathologique et
d'histoire naturelle; et à ce sujet, nous en-
gageons les amateurs à voir son *Histoire des
Embaumemens*, Paris, 1838.

Quelques réflexions sur l'embaumement et les procédés de M. Gannal.

Ainsi que nous l'avons déjà dit, l'embaumement ou conservation indéfinie des cadavres a été pratiqué depuis nombre de siècles. L'Égypte possède encore des milliers de momies qui datent de trois à quatre mille ans.

Les Guanches, qui habitaient les Canaries, et les Péruviens, ont aussi des momies, circonstance qui fait présumer avec raison que l'embaumement était généralement usité dans l'antiquité ; mais on ne retrouve de momies que dans les trois contrées que nous venons de citer, parce que, selon M. Gannal, les conditions thermométriques et hygrométriques des lieux où ces cadavres ont été déposés contribuent puissamment à leur conservation.

La température moyenne des puits où reposent les cadavres, en Égypte, est de 20 degrés. L'hygromètre est à 0. Si, dans ces monumens, les caisses, les enveloppes des corps embaumés, se conservent parfaitement intactes, les cadavres eux-mêmes, parfaitement séchés, doivent se conserver dans des lieux où la sé-cheresse la plus absolue empêche les insectes de vivre et de se reproduire; mais ces mêmes cadavres apportés en Europe ne durent ordinairement qu'une dixaine d'années , et tombent en poussière ou se réduisent en terreau.

Nous ignorons quelle pourra être la durée de conservation des corps embaumés par ce chimiste , mais ce que nous avons vu nous permet d'affirmer que son procédé est infiniment supérieur à tout ce qui s'est pratiqué avant lui. En effet :

1° Les Égyptiens et tous les autres embaumeurs étaient forcés d'extraire le cerveau et les viscères. Lui ne soustrait aucune partie du cadavre , et souvent il fait son embaumement sans perdre une seule goutte de sang.

2° Les Égyptiens travaillaient un cadavre pendant SOIXANTE-DIX JOURS. M. Gannal fait son opération dans l'espace de DEUX À TROIS HEURES, selon l'importance que l'on attache à la conservation.

3° L'embaumement a toujours été pour les familles une occasion de grandes dépenses.

La modicité des prix met actuellement l'embaumement à la portée des plus modestes fortunes.

Quelques esprits forts prétendent que l'embaumement n'est plus de notre siècle, que le respect pour les morts n'est plus dans nos mœurs; nous pensons le contraire, et nous trouvons la preuve de notre opinion dans l'innombrable quantité de monumens qui couvrent nos champs de repos. M. Gannal a dit qu'il serait ridicule de faire embaumer un corps qui devrait être enterré, mais qu'il est plus ridicule encore d'élever des monumens, de construire des caveaux, des sépultures de famille pour y déposer des cadavres tombés en putrilage avant que la première pierre monumentale ne soit posée.

Selon lui et selon nous, tout monument funéraire que n'aurait point précédé l'embaumement dont nous parlons, serait un non sens, ou bien un pareil mausolée ne saurait être que l'expression de la vanité d'une famille plus jalouse d'étaler son opulence que pénétrée d'une douleur sincère.

Depuis que M. Gannal s'occupe d'embaumement, les personnes qui pratiquaient avant lui
ces opérations, se trouvant lésées dans leurs in-
térêts, critiquent et dénigrent la découverte de
ce chimiste. Il lui a fallu bien du temps et bien
des efforts pour triompher des obstacles. Il
est probable qu'il aurait succombé, si le ciel
et l'enfer n'étaient venus à son aide. Nous di-
sons le ciel pour signaler le bonheur qui lui
est arrivé par le testament de Monseigneur de
Quélen, archevêque de Paris, qui a formelle-
ment exprimé la volonté d'être embaumé par
ce chimiste, et l'enfer par l'événement de cet
horrible assassinat commis à la Villette sur la
personne d'un enfant de dix ans.

Le corps de M. l'archevêque, resté neuf jours
exposé à l'église Notre-Dame, constatait un
fait qu'on ne pouvait contester. Aussi les fai-
seurs d'embaumement disaient-ils, que c'était
une figure de cire qu'on avait substituée à la
place du vénérable prélat.

Mais l'enfant qui a été exposé à la Morgue
a été préparé par M. Gannal, en présence du

procureur du roi, du juge d'instruction et par leurs ordres. Les embaumeurs ont eu la sottise de faire supposer que MM. les membres du chapitre de Notre-Dame ont volontairement coopéré à une infâme jonglerie ; ils ne peuvent en aucune manière alléguer les mêmes raisons pour un fait matériel exposé aux regards du public. M. l'archevêque était revêtu de tous les insignes de sa haute dignité, mais la victime de la Villette était nue, à quatre pas des visiteurs ; chacun pouvait la toucher et tout Paris est étonné qu'après deux mois ce malheureux enfant fût encore aussi beau, aussi frais que le jour de sa mort.

Nous pensons que le temps où des hommes hachaient de la chair humaine dans le but de conserver les corps, où ils enveloppaient un duc de Choiseul dans de la toile goudronnée, est passé, et le bon sens public, appréciant à sa juste valeur les diatribes lancées contre M. Gannal, sauront apprécier les motifs secrets de cette manière d'agir. Nous croyons pouvoir affirmer que selon notre opinion les

procédés de M. Gannal n'ont d'autre inconvénient que celui d'empêcher les anciens embaumeurs de continuer à mutiler inutilement
nos gloires nationales.

Conservation des Animaux.

PRÉPARATION PRÉLIMINAIRE.

Lorsqu'un naturaliste possède un sujet, il se présente souvent plusieurs cas qui l'obligent à des opérations préparatoires ; par exemple, si les plumes sont ensanglantées, on prendra d'abord de l'eau dans laquelle on fera dissoudre un peu de savon, on lavera les taches en imbibant légèrement les plumes ; puis, on fera succéder à ce lavage un second lavage avec de l'eau pure, contenant en dissolution un peu de sulfate de soude ; et, quand toute trace de sang aura disparu, on devra saupoudrer avec du plâtre fin resté exposé à l'air pendant huit jours. En répétant plusieurs fois cette opération, les plumes ou les poils perdront bientôt toute leur humidité. Aussitôt que la première couche formera croûte, on l'enlèvera pour en jeter une seconde, puis une troisième, et ainsi de suite jusqu'à ce que l'animal ait repris tout son éclat. A mesure que l'on saupoudrera, on agitera un peu les plumes en les soulevant avec des pinces nommées *bruxelles*, afin de leur faire reprendre leur première fraîcheur. Si c'est un oiseau pris à la glu et qu'il en soit resté sur sa robe, on frottera les taches avec du beurre frais et de l'huile d'olive jusqu'à ce que la glu ait cessé d'être gluante. Alors, avec un scalpel ou un couteau, on racle les plumes une à une jusqu'à ce que leurs barbes contiennent le moins de gras possible, puis on les lavera avec de l'eau contenant une forte dissolution de potasse; on les imbibera ensuite avec de l'eau pure, et on les sèchera avec du plâtre pulvérisé. Il existe encore une autre méthode, qui consiste à verser sur les plumes, qu'on a frottées avec du beurre, de l'éther sulfurique qui dissout le corps gras.

On fait ensuite des frictions avec un peu d'étoupe pour sécher les plumes.

Si les plumes étaient tachées par la graisse qui a transudé par une blessure, on passe sur les maculatures, avec un pinceau, une légère couche d'essence de térébenthine, qu'on lave avec une dissolution de potasse, ensuite avec de l'esprit-de-vin, enfin avec de l'eau pure.

Il suffit quelquefois de se servir d'essence de savon, et ensuite d'alcool. Si la tache ne disparaissait pas, on la traiterait d'après le procédé employé pour enlever le beurre, dont on se sert pour la glu.

DESCRIPTION

Du mode de conservation des animaux destinés à former un cabinet d'histoire naturelle.

PROCÉDÉ DE M. GANNAL.

En histoire naturelle, on désigne sous la dénomination de mammifères tous les animaux qui ont des mamelles et qui allaitent leurs petits. Toute cette classe d'animaux, depuis la grosseur de l'écureuil ou du rat jusqu'à l'éléphant, s'injectent tous par l'artère carotide droite. Pour pratiquer cette opération, on incise la peau de haut en bas, depuis la tête jusqu'à la clavicule. Quand on a l'habitude d'opérer, il suffit d'une ouverture de 5 à 6 centimètres.

En séparant les muscles qui sont à côté du larynx, on trouve au-dessous un nerf, le pneumogastrique; en le soulevant, on voit l'artère, on écarte la veine jugulaire afin de pincer la carotide, de la soulever en la maintenant par un petit rond de bois que l'on pose dessous.

Avec la pointe d'un scalpel, on fait une légère incision, par laquelle on introduit de haut en bas la pointe du siphon, que l'on fixe à l'artère par un nœud de fil. Cette opération préliminaire terminée, on introduit avec une seringue une quantité de liquide proportionnée à la grosseur de l'animal.

Tous les mammifères plus petits que le rat s'injectent par la base du cœur. A cet effet, on fend la peau à la partie gauche de la poitrine avec la pointe des ciseaux, on enlève deux ou trois côtes, on isole le cœur, on fait une piqûre, par laquelle on introduit le siphon, puis on pousse l'injection. Quand cette opération est terminée, on ferme la plaie et on recoud la peau.

Tous les oiseaux sont injectés par le larynx [1]. Pour pratiquer cette opération, il suffit de saisir la langue avec une pince à ressort, de

[1] Ouverture qui se trouve à la base de la langue.

la tirer à soi et, dans cette position forcée,
d'introduire le siphon dans le larynx. En
poussant l'injection, on remarque que l'oiseau étend les ailes et alonge les pieds. C'est
par le soulèvement de la seconde aile qu'on
est prévenu qu'on a introduit suffisamment
de liquide.

Quand un oiseau est injecté, on lui passe
un fil dans les narines, et on le suspend pendant vingt-quatre heures, au bout desquelles
on l'attache par les pattes et on le suspend de
manière à ce que le liquide excédant puisse
s'écouler. Au bout de quarante-huit heures,
on peut donner à l'animal la position qu'on
veut lui imposer.

Chez aucun animal les yeux ne se conservent, par la raison fort simple que le liquide qui remplit l'orbite n'est qu'une liqueur
albumineuse contenant une forte portion
d'eau. Si on laissait l'animal se dessécher dans
son état naturel, les bords des yeux s'affais-
seraient, la peau se collerait sur les os, l'orbite serait creux, et la tête de l'animal entièrement déformée. Pour éviter ce désagré-

ment, lorsque l'animal est injecté, on pince les yeux, on les tourne deux ou trois fois, puis on les arrache. On débride la peau avec un petit instrument en bois, puis on introduit la quantité de coton nécessaire pour donner à la tête sa forme normale. On peut immédiatement poser des yeux d'émail, ou ne les mettre que quand l'animal est séché.

Lorsqu'un animal est ainsi préparé, on peut lui donner telle position forcée qu'on jugera convenable de lui imposer, ce qui se fera au moyen d'étais de bois ou de fils de de fer, qui devront rester en position jusqu'à parfaite dessication.

Si l'animal est volumineux, et que l'on désire l'avoir sec plus promptement, on peut extraire les viscères, et même les autres organes, soit par l'anus ou par une ouverture latérale qu'on pratiquera à l'abdomen. Dans ce cas, on remplirait le vide fait par de l'étoupe ou du coton.

On doit comprendre que l'animal ainsi disposé aura un aspect d'autant plus satisfai-

sant qu'il sera mieux agencé et étayé, surtout s'il a été placé dans les circonstances
favorables à la plus prompte dessication
possible.

Conservation des Animaux dont on voudrait étudier l'organisation.

ANATOMIE COMPARÉE.

Quand un animal est injecté, il suffit de le plonger dans le même liquide affaibli à six degrés; pour le conserver indéfiniment disséquable, on doit le changer de liquide une première fois après un mois d'immersion, la seconde fois après trois mois, la troisième fois après six mois, puis enfin tous les ans; mais on conçoit que les animaux, ainsi conservés, très propres aux études anatomiques, ont la robe fanée, surtout les couleurs trop altérées pour qu'on puisse en faire des échantillons de cabinet.

Dans les premiers jours du mois de novembre, M. Gannal fut appelé au jardin des plantes pour injecter un lion, l'orang-outang et un maquy. Ces animaux furent dépouillés le lendemain matin, les deux derniers ont été étudiés peu de temps après leur préparation; mais le lion est resté, couché sur une table, exposé à l'action de l'air jusqu'au 15 mars. Alors il était sec aux trois quarts au moins. Dans cet état il fut plongé dans le liquide à 6 degrés, dans lequel il resta jusqu'au 10 avril. — Ce jour, en présence de M. de Blainville, de M. Rousseau, chef des travaux, et des employés du cabinet, l'animal fut couché sur une table et ouvert dans toutes ses parties, et il fut constaté que les chairs et les viscères étaient aussi frais que si l'animal ne fût mort que depuis 24 heures.

Nous sommes donc en droit d'affirmer que désormais on pourra faire à Paris de l'anatomie comparée sur les animaux de toutes les contrées.

Préparation de pièces d'anatomie et d'anatomie comparée (1).

Lorsque l'animal est injecté, on peut le disséquer de 15 jours à 3 mois, selon son volume et la température atmosphérique; la dissection peut se continuer indéfiniment, si, toutes les fois, lorsque le sujet commence à se dessécher, on lui fait passer une nuit dans le liquide à 6 degrés.

La pièce disséquée, on la plonge pendant 10 minutes dans l'eau, on la retire, on la laisse bien égoutter, puis on la pose sur une planche pour l'étude, on la développe; selon sa nature, les parties seront écartées et maintenues à distance par des épingles, des fils ou du bois; enfin on l'exposera à l'action d'un courant d'air vif : et vernir après la dissection.

(1) Les personnes qui désireraient visiter le cabinet de M. Gannal, seront reçues les mardi et vendredi, de 10 heures à midi, rue des Grands-Augustins, 23.

Préparation du liquide à injection.

Le liquide se prépare avec du sulfate simple d'alumine sec : on en fait fondre un kilogramme dans un demi-litre d'eau chaude : il doit marquer 32 degrés à l'aréomètre.

Pour la conservation d'un cadavre humain, pendant l'été, il faut trois à quatre litres de liquide; pendant l'hiver, de un à trois, selon la grandeur du sujet, la température atmosphérique, suivant le laps de temps qu'on veut le conserver.

Pour tous les animaux, l'opération est la même, et la quantité du liquide proportionnée au volume de l'animal. Un lièvre, par exemple, exige un demi-litre de liquide à 32 degrés.

Comme le sulfate simple d'alumine n'est point nuisible à la santé, les insectes pourraient par la suite attaquer les animaux injectés. Pour parer à cet inconvénient, on fait dissoudre 100 grammes de chlorure de cuivre ou 50 grammes d'acide arsénic par kilogramme de sulfate.

MÉGISSERIE.

Préparation des Peaux.

Pour préparer les peaux on doit suivre la série d'opération suivante :

1° En sortant de la boucherie on plonge les peaux dans la rivière, c'est-à-dire qu'on les rince pendant deux minutes dans l'eau courante.

2° On les passe en chaux, c'est-à-dire qu'on étale la peau à terre et on couvre toute la partie interne d'une couche de 1 à 2 centimètres environ d'une bouillie de chaux vive.

3° On replie la peau pour que la chaux ne touche pas le poil. On empile les peaux et on les laisse ainsi de deux à six jours suivant la saison. Cela se règle suivant la température atmosphérique.

4° On lave en rivière jusqu'à ce que la totalité de la chaux soit enlevée, puis on laisse égoutter.

5° On pèle, c'est-à-dire qu'on retire le poil ou la la laine. Pour pratiquer cette opération on procède de trois manières différentes : par terre, sur la table ou sur le chevalet. Pelée par terre, la toison est retirée tout entière; sur la table on sépare les laines, tandis que sur le chevalet on repousse la laine ou le poil avec un bâton qu'on appelle peloir.

6° La peau pelée est remise à l'eau de chaux dans une cuve qui s'appelle plain. Là, elle reste 8, 15 et même 25 jours.

7° En sortant de l'eau de chaux, on passe en rivière, on la rince, on l'écharne, on la met à l'eau, puis on la tierce, c'est-à-dire qu'on passe l'ardoise sur la fleur (côté du poil), contre-écharné ou repassage sur la partie interne et recoulage ou repassage avec le couteau sur la fleur. Cette opération est faite dans le but de retirer la dernière portion de chaux qui pourrait être restée dans la peau.

8° Si on a l'intention de faire des peaux douces on les met dans le confi, c'est-à-dire dans de l'eau fraîche contenant du son, et on les y laisse 2 à 4 jours, selon la saison.

9° Pour la peau ferme on la passe immédiatement, après la sortie du travail de rivière, dans la préparation suivante :

10° On fait fondre ensemble dans une chaudière de l'alun, du sel et de l'eau. Ces substances varient selon les peaux, à savoir : pour les peaux de première qualité, qu'on désigne dans le commerce pour tabliers :

18 kil. d'alun, sulfate d'alumine et de potasse.

2 kil. de chlorure de sodium, sel commun.

3 kil. de farine ordinaire.

Pour les peaux de 2ᵉ qualité on ne prend que 13 kilog. d'alun et les autres substances en proportion.

Pour les peaux de 3ᵉ qualité, seulement 1 kilog.

Dans la première classe sont rangés les mérinos, les peaux d'Allemagne et les Champenois.

La 2ᵉ classe comprend les peaux d'Alençon, de Cholet, et celles qui nous viennent du Gâtinais.

Dans la 3ᵉ classe sont les Berrichons.

C'est la 2ᵉ classe qui a le plus de peaux grasses.

11° Quand l'alun est le sel sont fondus dans deux, trois ou quatre seaux d'eau, 20, 40 ou 60 litres, on ajoute la farine quand le liquide est refroidi, et on met cette pâte en réserve.

12° On met de la sauce (la pâte ci-dessus) dans une cuve, on introduit 12 ou 18 peaux dans cette cuve, on les remue pour que la sauce se répande partout, mais il ne faut pas que les peaux nagent, et bien observer que la quantité de sauce indiquée plus haut est pour cent peaux.

13° On laisse les peaux 24 heures, on les retire, on les double la fleur en dedans et on les fait sécher à l'air.

14° Quand elles sont bien sèches on les immerge une seule fois dans la rivière pour les humecter, on les retire, on les laisse égoutter, on les empile, et on les laisse ainsi pendant vingt-quatre heures, pour qu'elles s'humidifient également.

15° On les ouvre sur un palisson, fer en croissant fixé dans une tige de bois. On les fait sécher, puis on leur donne une dernière façon pour les redresser.

16° Pour faire les peaux douces comme il est indiqué au numéro 8, en sortant de la sauce on les introduit avec le mélange fait de partie égale de jaune d'œuf et d'eau, mélange dans lequel on introduit la quantité de farine nécessaire pour en faire une pâte liquide. Le reste de l'opération est tout semblable aux autres.

Tels sont les procédés suivis dans les bonnes maisons pour mégir les peaux. Le plus grave inconvénient résulte de la graisse qu'on ne peut retirer par ces procédés.

17. Quand elles sont sèches, on les passe à l'eau pour les humecter ; on les laisse égoutter, puis on les empile, et on les laisse pendant vingt-quatre heures pour qu'elles s'humidifient également.

18. On les ouvre, sur un palisson, fer en demi-lune, fixé dans une tige de bois. On les met sécher, puis on leur donne une dernière façon pour les redresser.

PEAUX EN POILS.

1° Peau fraîche passée à l'eau.

2° On la passe immédiatement dans la pâte
11 et 12 ; on la laisse vingt-quatre heures.
Si la peau est forte, on repasse une deuxième
fois.

3° On met sécher, puis on l'humecte, on
l'ouvre comme pour le procédé ci-dessus.

Il y a quatre classes de peaux :

1° Les peaux fortes,
2° Les moyennes,   En tannerie, les peaux se
3° Les petites peaux, désignent par les prove-
4° Rebuts.   nances.

1re qualité, pour tablier, 35 liv. d'alun
                        3 à 4 liv. de sel } pour 100 peaux.
                        6 liv. de farine
                        2 à 4 seaux d'eau   —

2e   —   Cholet,
                  Alençon, peau grasse. 26 liv. d'alun   —
                  Gâtinais,

3e   —   Berrichon,   —   22 liv. —   —

Après la description des procédés employés
généralement en mégisserie, nous allons dé-

crire ceux que suit M. Gannal dans la préparation des peaux.

1° Il injecte l'animal.

2° Vingt-quatre heures après l'injection, il le dépouille.

3° La peau lavée est débarrassée de tous les corps étrangers qui peuvent en altérer la couleur, la propreté.

4° La peau bien lavée et plongée dans le liquide à 6 degrés doit être remuée une fois par jour pendant quatre jours.

5° Retirée du liquide, on la lave parfaitement à plusieurs eaux fraîches.

6° On laisse égoutter pendant vingt-quatre heures ; après ce temps, on l'étale sur une table et on recouvre la totalité de la partie interne d'un mélange d'ampois,

De 1 partie de jaune d'œuf,

De 1 partie et ½ d'eau et de la farine, pour en faire une bouillie d'une consistance moyenne.

7° Quand la pâte est étalée, on expose la peau à l'action d'un courant d'air ; mais cependant ménagé suffisamment pour que la dessication ne s'opère pas trop promptement.

8° Quand la peau est parfaitement sèche, on l'humecte légèrement, on la roule, on la laisse en cet état pendant vingt-quatre heures.

9° Quand la peau est revenue, on la détire sur le chevalet, et on décharne comme ordinairement.

La différence qu'on remarque entre la peau mégie et celle qui est parcheminée provient de ce que, pour ces dernières, on les détire quand elles sortent du travail, c'est-à-dire quand elles sont vertes, fraîches, qu'elles n'ont pas encore été séchées, tandis que pour les mégir on ne les détire que lorsqu'elles ont été complètement séchées. Dans l'opération du parcheminage, les fibres animaux, la géline, se distent et s'allongent, et comme dans cet état de distension la peau est attachée ou clouée, elle est forcément desséchée dans la position d'écartement qu'on lui a imposée, tandis que les peaux mégies se resserrent, et lorsqu'on les détire, les fibres se séparent, et leur réunion forme cette espèce de réseau qui fait la peau douce que l'on connaît.

Préparation des Peaux

Les mégissiers, pour préparer les peaux qu'ils désirent conserver avec la laine ou le poil, se contentent, après les avoir lavées et nétoyées, de les passer immédiatement en sauce, on les y laisse pendant 24 heures, à moins que la peau ne soit très forte, dans ce cas on la passe une deuxième fois, puis on fait sécher, on l'humidifie ensuite et on l'ouvre comme nous l'avons expliqué plus haut.

Ces peaux présentent plusieurs inconvéniens dont le plus grave, à notre idée, est d'être attaquables aux insectes, qui rongent et détruisent la pelleterie en fort peu de temps.

Conservation des Peaux.

Pour conserver la peau d'un animal, on fait l'injection comme nous l'avons expliqué plus haut, c'est-à-dire les mammifères par la carotide ou la base du cou, les oiseaux par le larynx: puis, au bout de 24 heures, on procède au dépouillement total ou partiel de la manière suivante (1):

Dépouillement des Mammifères.

On fend la peau avec un scalpel depuis le milieu de la poitrine jusque vers la hauteur des jambes postérieures ; on la détache aussi avant qu'on le peut à l'aide du manche aplati du scalpel ou au besoin de la lame, en ayant soin d'absorber au moyen de plâtre pulvérisé tout épanchement de graisse ou de liqueurs

(1) La peau de tout animal injecté sera suspendue et séchée à l'air et pourra être employée sans autre préparation, pour tapis ou pour être montée.

qui pourraient tacher les poils. Si l'animal est de petite taille, on peut, en saisissant le corps par le milieu, glisser le doigt vers le dos et détacher la peau tout le long de la colonne vertébrale ; il devient alors facile de séparer du tronc les membres antérieurs à l'articulation de l'humérus avec l'omoplate, puis le cou, qui restent dans la peau. On achève de détacher celle-ci du dos, et après avoir découvert une partie des jambes postérieures, on les désarticule entre le fémur et le bassin. On continue à écorcher vers le bas-ventre, mais avec précaution, afin d'éviter de percer la peau ; on coupe le rectum et il ne reste plus qu'à retirer la queue de son fourreau. Si elle offre quelque résistance, on fend une baguette par un bout, en écartant les branches de l'espèce de pince ainsi formée, on y fait entrer la queue et, en saisissant d'une main le corps de l'animal et de l'autre le bout fendu de la baguette, on parvient ordinairement à refouler la peau jusqu'à l'extrémité de la queue.

Dans quelques animaux, surtout dans ceux

qui ont beaucoup de graisse, elle tient fortement à son fourreau. Si elle offrait trop de résistance, on la fendrait par dessus dans toute sa longueur, et on l'écorcherait de la même manière que le reste du corps : on en serait quitte pour la recoudre de suite, ou même seulement quand on monterait l'animal.

Lorsqu'on veut dépouiller un grand mammifère, un cheval par exemple, il faut d'abord placer l'animal sur le dos et écorcher aussi avant qu'on le peut, puis en le renversant, tacher d'écorcher de chaque côté jusqu'à la colonne vertébrale, afin de pouvoir passer en dedans de la peau une corde qui, en embrassant le corps, sert à le suspendre à une hauteur convenable pour faciliter le reste de l'opération qui peut se faire comme dans le premier cas. Cependant, il est préférable de commencer par séparer du tronc les jambes postérieurs et la queue.

L'ensemble du corps de l'animal retiré, il reste à extraire les chairs de la tête et des jambes. Pour cela, on écorche la tête jusqu'au bout du museau en ménageant les oreilles

qu'on tâche d'arracher du crâne, ou au moins
de couper le plus avant que possible ; on ménage également les paupières et les lèvres, on
arrache les yeux, on désarticule le tronçon,
du cou, et après avoir débarassé le crâne de
toutes les parties charnues, on enlève la cer-
velle. Pour en faciliter l'extraction, il faut
agrandir le trou de l'occiput dans les animaux
de petites dimensions, ou enfoncer la table du
crâne avec un marteau dans ceux de grande
taille. La tête parfaitement nettoyée, on la ren-
tre dans la peau ; on passe ensuite aux jambes
de devant que l'on refoule en dehors en en détachant la peau avec le scalpel, et on écorche
jusqu'à la plante des pieds. On nettoie les os
de tous leurs muscles, leurs nerfs et leurs tendons, mais on ménage les ligamens qui les
tiennent réunis, afin de ne pas les désarticuler. Si la plante des pieds est charnue et
épaisse, on y fait une incision par laquelle on
extrait les chairs et la graisse qui s'y trouvent. Après avoir frotté les os de la jambe
avec du plâtre, on les fait rentrer dans la
peau, puis on traite de même l'autre jambe,

et l'on passe à celles de derrière. On agit comme pour celles de devant; seulement on conserve le tendon d'Achille que l'on débarrasse de toutes les parties charnues.

Dépouillement des Oiseaux.

Après avoir fendu la peau tout le long de l'os saillant de la poitrine et quelques lignes ou quelques pouces au-delà, suivant la taille de l'oiseau, il faut, en écorchant sur les côtés, découvrir l'articulation des ailes avec l'omoplate, couper avec des ciseaux cette articulation, ou si l'oiseau est trop grand, désarticuler les ailes ras le corps. On coupe ou on désarticule également le cou, puis on renverse la peau sur le dos qu'on écorche avec précaution. Arrivé aux jambes, on écorche une partie des tibias et on les sépare des fémurs. Il faut ensuite pincer la peau du ventre, la ramener doucement vers la queue qu'on coupe en ménageant les tuyaux des plumes qu'il faut bien se garder d'attaquer.

Pendant toute cette opération, on ne doit pas négliger de jeter fréquemment du plâtre, afin d'absorber toutes les humeurs qui tacheraient les plumes.

Si on avait à dépouiller un oiseau dont l'attitude est ordinairement verticale, un grêbe par exemple, au lieu de l'ouvrir par le ventre, on l'écorcherait par le dos, ce qui ne change en rien le reste de l'opération.

On nettoie ensuite la tête de la même manière que pour les petits mammifères, en ayant soin de ne pas tendre ou allonger la peau du cou et d'opérer le plus promptement possible, afin de ne pas laisser à la peau du cou le temps de se dessécher; car alors on éprouverait quelques difficultés à remettre la tête en place. Si la tête ne pouvait passer par la peau du cou, comme cela arrive pour la plupart des canards, pour les gues, les épeiches, etc., on ferait en dehors une ouverture depuis le milieu du crâne jusqu'à la naissance du cou, et après avoir coupé celui-ci aussi près de l'occiput que possible, on ferait passer la tête par cette ouverture qu'on recoudrait ensuite proprement. On passe ensuite aux ailes qu'on débarrasse de leurs muscles après les avoir écorchées jusqu'à l'articulation de l'humérus avec le radius et le cubitus qu'on peut ordinairement nettoyer sans aller plus avant; mais si l'oiseau était au-dessus de la taille de la pie, il serait prudent d'écorcher jusqu'à l'articulation suivante en détachant du cubitus les pennes des ailes qui y sont fixées. Cependant, si on avait l'intention de monter l'oiseau les ailes ouvertes, il faudrait bien se garder de détacher les pennes et, dans ce cas, on fendrait la peau en dessous des ailes pour les nettoyer, et on recoudrait sur-le-champ l'ouverture sans serrer la couture qui pourrait faire relever les plumes du dessus de l'aile. Les jambes s'écorchent jusqu'au talon, c'est-à-dire dans toute la partie ordinairement couverte de plumes. On en ôte toute la chair en ménageant toujours les os et leurs ligamens. On débarrasse aussi la queue de toutes ses parties charnues et graisseuses, et on la remet en place.

L'Art d'empailler et de monter les peaux des Mammifères.

L'empailleur doit remarquer que la peau du col des animaux est plus longue que le col lui-même, et forme en travers des replis plus ou moins prononcés. Il fallait qu'il en fût ainsi pour que la tête pût se baisser ou se relever sans trop tendre la peau. Le préparateur devra s'en souvenir, afin de ne pas faire le col trop long en bourrant la peau dans toute sa longueur.

Cela fait, on prépare les fils de fer qui doivent faire la carcasse de l'individu. On les prend d'un numéro convenable à la taille du sujet, et on les coupe à la longueur voulue, déterminée sur le même principe. Il en faut cinq d'égale grosseur; quatre pour les jambes et un pour la traverse du corps, plus, un sixième un peu plus mince pour la queue. Ceux qui doivent servir pour les jambes doivent être de telle longueur qu'ils les dépassent de quelques centimètres vers les doigts, afin de pouvoir fixer l'animal sur un socle, et qu'ils dépassent l'os de l'avant-bras au moins du quart de sa longueur, afin qu'on puisse le fixer solidement à la traverse. On les aiguise en pointe par un bout, on les introduit dans la plante des pieds, et on les fait glisser le long des os jusqu'à ce qu'ils dépassent l'os de la cuisse. Alors on bourre la jambe et la cuisse en leur rendant autant que possible toutes les formes qu'elles recevaient des muscles.

Pour rendre l'animal plus solide, on entoure l'os de la jambe et le fil de fer avec de la filasse, en commençant par en bas et remontant jusqu'à la cuisse en serrant passablement. On achève de les bourrer avec de la filasse hachée. Dans les animaux à poil ras, on prend une aiguille et une ficelle que l'on passe de part en part; on serre dans les endroits convenables de manière à dessiner les fosses et les creux formés par les muscles et les tendons. On prend ensuite le fil de fer destiné à la queue, on le dresse, on l'entoure de filasse qu'on maintient avec du fil, puis on l'introduit dans le fourreau de la queue , après l'avoir couvert d'une bonne couche de préservatif qui est le plus souvent du savon arsenical de Becœur.

En voici la recette :

Arsenic pulvérisé ,   1 livre.
Camphre ,   2 onces 1[2.
Chaux en poudre ,   4 onces.
Sel de tartre ,   6 onces.

Tous les animaux qui ont été injectés par le procédé de M. Gannal n'ont besoin d'aucun préservatif, et on doit comprendre l'avantage qui résulte pour la conservation ultérieure des objets ainsi préparés. En effet, l'injection passe dans tous les vaisseaux et arrive même à l'épiderme, dans les plumes, dans les poils, tandis que les savons, les pâtes, ne sont posés qu'à la partie interne du derme et ne peuvent avoir d'effet pour la conservation des plumes, des poils ; aussi voyons-nous nos plus belles collections disparaître en moins de dix années.

On coupe le fil de fer de la traverse de manière à lui conserver un quart de longueur de plus que la longueur totale de l'animal,

en l'aiguisant en pointe à une de ses extrémités, et on y fait deux anneaux dont le premier doit être placé environ à la hauteur des
épaules et le second auprès de son extrémité
inférieure ; comme ils doivent servir à fixer
les fils de fer des pattes, c'est aussi la distance
des pattes qui doit décider de la leur. On
enfonce dans le cou l'extrémité aiguisée de la
traverse, et on la fait sortir au milieu du
crâne qu'on a percé d'avance ; on croise dans
le premier anneau les deux extrémités des
fils de fer des pattes antérieures, et avec une
pince on les tord avec l'anneau pour les fixer
solidement ; on en fait autant aux fils de fer
des pattes de derrière, mais on y joint celui de
la queue.

La carcasse ainsi solidement établie, on
achève de bourrer la peau, toujours en cher-
chant à lui rendre ses formes primitives.
Pour recoudre l'ouverture, on se sert d'un
fil fin mais fort et ciré. On rapproche les
bords de la peau en écartant les poils ; on
serre les points ; et lorsqu'on a fini on ramène
les poils sur la couture, et on les peigne pour

la cacher et leur donner une bonne position.
Puis on lisse bien le poil, l'on passe une
couche de térébenthine sur le museau, les
pattes, les oreilles, et généralement sur les
parties dénudées.

L'animal, parfaitement sec, on s'occupera
de placer les yeux.

Voici la méthode la plus employée pour
mettre les yeux factices : « Ceux-ci doivent
être en émail et de la même couleur qu'a-
vaient les yeux de l'animal; des points noirs suf-
fisent pour les petits mammifères de la taille de
la souris ou au-dessous; pour ceux de la taille
moyenne, on choisit des yeux colorés et
pleins; mais les grandes espèces exigent des
yeux soufflés, et ces derniers sont fort chers.
Il s'agit d'abord de ramollir les paupières, ce
qui est facile en enlevant avec des pinces une
partie du coton des orbites et le remplaçant
par une bourre de filasse humide. Au bout
d'une heure à peu près, on retire cette filasse,
et avec des bruxelles on élargit l'ouverture des
paupières; avec un pinceau on y introduit de
la gomme dissoute dans une très petite quan-

tité d'eau, ou ce qui vaut mieux, de la gomme
arabique et du sucre candi fondus ensemble.
On place l'œil et on l'arrange avec la pointe
d'une aiguille pour tourner la prunelle de
manière à ne pas la faire loucher, si l'oiseau est
dans une attitude de repos. Expliquons-nous :
il est d'observation que dans la colère ces
animaux rapprochent leurs prunelles l'une de
l'autre, c'est-à-dire du côté du bec ; dans le
repos elles sont au milieu du cercle de l'œil ;
et dans l'amour elles s'éloignent l'une de l'autre, c'est-à-dire qu'elles se rapprochent de
l'angle externe de l'œil. Avec la même aiguille, ou de très petites bruxelles, on arrange
les paupières.

Cela fait, avec des pinces à mors tranchant
on coupe à ras la peau, les bouts de fil de fer
qui sont apparens, on unit et lisse le plumage
de nouveau.

Ainsi préparé l'animal peut être mis dans
une collection.

L'Art d'empailler et de monter les peaux des Oiseaux.

On commence par bourrer les yeux avec du coton haché, les joues, ainsi que la tête et le cou, avec de l'étoupe coupée ; puis on attache ensemble les ailes, ce qui se fait, pour les petites espèces, avec un fil qui passe entre le radius et le cubitus, et qui se noue à une distance convenable, de façon à laisser les humérus à la place qu'ils occupaient dans l'oiseau. Les ailes des grandes espèces s'attachent au moyen d'un fil de fer aiguisé aux deux bouts qu'on passe dans la cavité de chaque os du bras dont on a coupé la tête. On fait sortir ce fil de fer par l'autre extrémité de l'os, et on le recourbe à la pointe, puis on remet les ailes en place ; on bourre le corps à demi, toujours avec de l'étoupe hachée, et on s'occupe de placer les fils de fer au nombre de trois. Le plus court, celui qui sert de traverse, doit être aiguisé aux deux bouts et porter un anneau qui correspondra au milieu de

l'ouverture du corps; on le fait passer dans
le cou, et en le tournant peu à peu il est ordinairement facile de lui faire percer le crâne,
qu'il doit dépasser plus ou moins. Les deux
autres fils de fer se passent dans l'intérieur
des jambes; on les fait entrer par la plante du
pied et ressortir par le corps de manière à
dépasser les os de la jambe; et après avoir
garni ceux-ci de coton ou d'étoupe, on courbe
l'extrémité des fils de fer, on les croise dans
l'anneau de la traverse, et en les tordant tous
les trois avec des pinces on les unit. On relève
ensuite l'extrémité libre de la traverse, et, en
la recourbant peu à peu, on la fait pénétrer
dans la queue, qu'elle sert à maintenir.

Il faut ensuite courber les fils de fer des
jambes de manière à imiter la forme et la position des os qui ont été retranchés; on
achève de bourrer; on coud le ventre; puis
on fixe l'oiseau sur une planche ou sur un juchoir au moyen des fils de fer des jambes, et
on lui fait prendre l'attitude convenable. Il
ne reste plus qu'à remettre les plumes en
place et à les maintenir pendant la dessiccation

par des bandelettes de linge fixées avec des épingles. L'oiseau sec, on lui ramollit les paupières, et on place les yeux artificiels.

Nous avons supposé jusqu'ici que le préparateur opère sur des peaux fraîches ; mais s'il doit monter des oiseaux mis en peau depuis longtemps, comme, par exemple, tous ceux qui nous arrivent des pays étrangers, il est indispensable qu'il commence par les ramollir, afin de donner à la peau toute la souplesse nécessaire. Pour y parvenir, il faut débourrer le corps de l'oiseau avec précautions, remplacer ce qu'on a enlevé par de l'étoupe hachée et humide, entourer les pattes de coton ou d'étoupe également humide, et laisser l'oiseau de un à trois jours au plus, suivant sa taille, dans un vase couvert dont on aura garni le fond de sable fin bien lavé, mais seulement humide, et recouvert d'un linge épais. On peut ensuite le monter à la manière ordinaire; cependant il est nécessaire, durant l'opération, de garnir l'intérieur de la peau d'une bonne couche de savon arsenical de Bécœur.

sans quoi l'oiseau serait promptement attaqué et détruit par les insectes.

On traitera de même toutes les peaux qui n'auraient pas été préservées par les procédés de M. Gannal.

Les peaux des petits mammifères se ramollissent comme celles des oiseaux. Quant à celles des grands, on les tient plongées pendant un ou plusieurs jours dans une dissolution d'alun et de sel marin, dont voici les proportions :

Eau, 5 pintes,
Alun, 1 livre,
Sel marin, 1/2 livre.

Il arrive ordinairement qu'en montant les peaux d'oiseaux ou de mammifères il s'en détache quelques plumes ou quelques poils ; on les conservera avec soin ; et lorsque l'animal sera parfaitement sec, on les collera à leur place avec précaution au moyen d'un peu de gomme dissoute dans de l'eau à laquelle on aura mêlé une petite quantité de farine et de savon arsenical. Si on manquait de plumes ou de poil, on pourrait en prendre sur un mauvais individu de la même espèce, ou, à défaut, on se contenterait de peindre la partie dénudée de la peau de la couleur voulue. Pour cela, on se sert de jaune de chrôme, d'ocre, de peinture à l'huile, à l'eau ou autre.

DE QUELQUES DIFFICULTÉS ACCIDENTELLES.

On reçoit quelquefois du Mexique, des îles de l'Océanie et de plusieurs autres localités, des oiseaux très beaux et très rares séchés au soleil ou au four, et auxquels on n'a fait subir aucune autre préparation. On conçoit que les insectes doivent attaquer et détruire promptement des oiseaux ainsi conservés si l'on ne se hâte de les préserver en les montant. Quelque difficile que puisse paraître ce travail, il ne faut pas craindre de l'entreprendre ; car avec un peu d'adresse et de patience on réussira plus facilement qu'on pourrait le croire. Pour cela, il faut placer l'oiseau dans un vase au milieu d'étoupes humides et l'y laisser au moins douze heures et quelquefois bien davantage suivant sa taille; mais il faut bien se garder de le laisser trop longtemps. On le visitera donc au bout de douze heures, puis de trois heures en trois heures jusqu'à ce qu'on trouve assez de souplesse aux membres pour essayer le dépouillement, ce qu'on reconnaît en tirant légèrement les jambes et les ailes, tout en évitant de presser le corps entre les doigts de crainte d'en faire tomber quelques plumes. Quand on juge l'oiseau assez ramolli, on fend la peau comme à l'ordinaire, on écarte légèrement les bords de l'ouverture, puis après avoir saisi la peau avec des bruxelles et non avec les doigts, on tâche de faire glisser entre la peau et la chair une goutte d'esprit de vin pour faciliter le dépouillement. On continue l'opération comme pour un oiseau frais, mais avec de bien plus grandes précautions et lentement afin de laisser à l'esprit de vin, qu'on emploie à mesure qu'on avance, le temps de ramollir la peau. C'est surtout quand on est arrivé au dos qu'il faut user de plus de précautions. Le corps retiré de la peau, on

passe dans les narines un fil qui aidera à remettre la tête en place lorsqu'elle sera parfaitement nettoyée. On dépouille les membres,
puis le cou et la tête, toujours en se servant du secours de l'esprit de vin, et on les
nettoie. Pendant toute cette opération, il
se détache toujours un assez grand nombre
de plumes qu'on conserve avec soin, et après
avoir monté l'oiseau selon la méthode déjà
indiquée, on les colle à la place qu'elles occupaient.

Quelquefois il est impossible d'écorcher
l'oiseau sans déchirer la peau ou même sans
l'arracher par lambeaux; mais cet accident
n'arrive que lorsque l'oiseau a subi un com-
mencement de putréfaction, soit avant sa dessiccation, soit parce qu'on l'a laissé trop longtemps au ramollissoir. Il ne faut pour cela
désespérer d'en tirer bon parti. On place
chaque lambeau de peau sur de l'étoupe humide, on met de côté toutes les plumes qui
se détachent en remarquant bien la place
d'où elles sont tombées; et le dépouillement
achevé, voici comment on s'y prend pour

composer de tous ces débris un oiseau, souvent aussi beau que s'il eût été monté avec une peau fraîchement écorchée.

On commence par détacher les ailes et les jambes de la peau, on passe dans chaque jambe un fil de fer qu'on attache solidement à celui qui doit servir de traverse et autour duquel on roule de l'étoupe non hachée, de manière à imiter les formes et la grosseur du corps, on fixe les jambes sur un juchoir et on donne à l'espèce de mannequin qu'on vient de faire la position que devra conserver l'oiseau. Il ne s'agit plus que de coller sur le mannequin les débris que l'on possède. Pour cela, on dissout de la gomme dans de l'eau à laquelle on a mêlé une assez grande quantité de préservatif, et après avoir garni la base de la queue d'une couche de ce mélange, on l'implante sur le fil de fer de la traverse qui sert à la soutenir, puis on colle les lambeaux de peau, qu'on peut en outre maintenir avec de très-petites épingles. Il faut avoir le soin de commencer par coller d'abord tout autour de la queue et de continuer, en remontant vers le cou, jusqu'à ce que le mannequin soit entièrement garni, excepté à l'endroit que doit occuper la base de l'aile. On fixe solidement la tête à sa place au moyen du fil de fer qui lui est destiné et on s'occupe des ailes. Avant de les attacher, on en retranche les humérus qui feraient de l'épaisseur et releveraient quelques plumes du dos; on les colle ensuite à leur place où on les maintient au moyen d'un fil de fer de petit diamètre auquel on fait traverser le corps, et qu'on recourbe aux extrémités vers le premier tiers de la longueur de chaque aile. On peut facilement le cacher parmi les plumes. Enfin, on colle à leur place les plumes tombées et on enveloppe l'oiseau de bandelettes de linge avant de le laisser sécher.

Cette seconde méthode s'emploie encore pour monter les peaux qu'on reçoit dans un état qui ne permet pas l'usage de la méthode ordinaire. Presque tous les magnifiques oiseaux connus sous le nom de Paradisiers, la plupart des épinaques et un assez grand nombre d'autres espèces remarquables par l'éclat

de leur parure, qu'on reçoit de la Nouvelle-
Guinée et des îles voisines, se trouvent dans
ce cas. Leurs peaux, presque toujours plus
ou moins mutilées, et auxquelles il manque
le plus ordinairement, soit les pattes, soit
les ailes, et même assez souvent les unes et
les autres, sont tellement sèches et racornies
qu'elles tombent en lambeaux lorsqu'on veut
les préparer. Cependant il arrive quelquefois
qu'il est possible de les monter à la manière
ordinaire. Dans tous les cas, avant de leur
faire subir aucune autre préparation, on les
place sur du sable bien lavé et légèrement
humide, ou dans des linges également humides, lorsqu'on craint de tacher les plumes;
le lendemain on les débourre avec précautions, on emplit le corps d'étoupe hachée et
humide, pour achever de ramollir la peau, on
enveloppe également les jambes d'étoupe,
douze heures après on les débourre de nouveau, et si, en tirant la peau pour lui rendre
ses dimensions premières, elle ne se déchire
pas par morceaux, on peut la monter à la manière ordinaire; dans le cas contraire, on la

monte sur un mannequin, comme nous l'avons indiqué.

Lorsqu'on prépare un oiseau d'une dimension telle qu'il soit difficile d'unir solidement les fils de fer dans le corps en les tordant avec des pinces, au lieu de n'employer que trois fils de fer, on en prend un quatrième plus faible destiné à maintenir la queue ; on fait à l'une des extrémités de chacun de ces fils de fer un anneau d'un diamètre égal à tous ; on passe d'abord le fil de fer du cou, qu'on enfonce jusqu'à ce que l'anneau qu'il porte se trouve environ vers le milieu du corps ; on place ensuite celui de la queue, puis ceux des jambes ; mais au lieu de passer ces derniers dans les jambes, en commençant par la plante du pied, on les fait entrer du côté opposé ; si cependant on le trouvait plus commode on pourrait faire comme à l'ordinaire ; on en serait quitte pour faire l'anneau après. Les quatre anneaux doivent être appliqués l'un contre l'autre aussi exactement que possible, et liés ensemble avec de nombreux tours d'une ficelle mince mais très solide : le reste de l'opération ne diffère en rien.

On peut avoir à préparer des oiseaux munis de crêtes ou de caroncules charnues; dans ce cas, si l'oiseau est destiné à l'étude, on tâche de maintenir ces parties en bonne position pendant tout le temps qu'elles mettent à se dessécher, soit au moyen de petits morceaux de liége sur lesquels on les étale en les y fixant avec des épingles, soit de toute autre manière, suivant le besoin; puis, après la dessiccation, on donne à ces diverses parties leur couleur en les peignant au vernis. Si au contraire l'oiseau est destiné à l'ornement, on coupe les crêtes et les caroncules, on en prend le moule avec du plâtre fin, on coule dans ce moule de la cire vierge fondue et colorée comme les parties qu'elles doit représenter. Lorsque l'oiseau est sec, on colle à leur place ces crêtes ou ces caroncules artificiels, et, s'il en est besoin, on peint les taches ou autres accidens de la couleur que les parties pouvaient présenter.

Nous venons d'indiquer d'une manière générale les principes de l'art du naturaliste-
préparateur. Nous espérons en avoir dit assez
pour mettre nos lecteurs à même de pratiquer
avec facilité cet art si attrayant.

FIN.

Nous invitons ceux de nos lecteurs qui désirent se procurer des oiseaux de tous les
pays, à visiter le riche magasin d'oiseaux de
M. Brunet, professeur, naturaliste-prépara-
teur, rue Neuve-Vivienne, 49, chez lequel
on pourra trouver de beaux modèles.

TABLE DES MATIÈRES.

COLLECTION

DU PETIT MANUEL DES ARTS

MIS A LA PORTÉE DE TOUT LE MONDE.

PUNCTOGRAPHIE,

Méthode pour faire dans une seule séance de quatre heures, même sans connaître le dessin, 20 beaux portraits ou paysages, oiseaux, fleurs, etc., suivie de la manière de graver sur bois et de donner au fer l'apparence de l'argent; in-12, avec portrait. Prix : **1 fr.**

PEINTURE LITHOCHROMIQUE.

Ou imitation sur toile, et l'art de donner aux objets dessinés au crayon, à l'estampe, aux lithographies, gravures, etc., l'apparence d'une jolie peinture à l'huile; suivis des procédés pour peindre et décalquer sur le bois et les écrans, et d'obtenir, avec un petit nombre de couleurs, toutes espèces de nuances, sans qu'il soit nécessaire de connaître le dessin; 4ᵉ édition, in-12. Prix : **75 c.**

PEINTURE ORIENTALE

Et peinture sur verre, ou l'art de peindre sur papier, mousseline, velours, verre, bois, etc., des fleurs, fruits, oiseaux, le portrait, le paysage, etc., sans le secours d'un maître ni connaissance du dessin, 2e édition, in-12. Prix :   75 c.

NOUVEL ALBUM DE PEINTURE
mis à la portée de tout le monde,
Ou l'Art de dessiner et de peindre les Fleurs à l'aquarelle, et de colorier les Lithographies,
Orné de 8 belles planches in-12. Prix : 1 fr. 50 c.

Dédié aux jeunes Élèves
Par Ac. CHAUDESAIGNE fils.

PEINTURE SUR PORCELAINE

D'après les procédés de la manufacture de Sèvres, peinture en cheveux, etc., in-8°. Prix :   75 c.

TRAITÉ DE TOILETTE

A l'usage des dames, orné de vignettes. Prix : 75 c.

MANUEL DU TISSEUR,

Contenant les armures et les montages usités pour la fabrication des divers tissus; ouvrage destiné aux fabricans, aux ouvriers et amateurs; par LIONS.
Prix, avec 8 planches in-8° : 1 fr. 50 c.

L'accueil favorable fait par le public aux premières éditions du *Petit Manuel des Arts*, a déterminé l'éditeur à publier une série de procédés différens concernant la peinture, le dessin et autres arts d'utilité et d'agrément, qui seront exposés avec autant de précision que de simplicité, et mis à la portée de toutes les intelligences.

Ces manuels seront très souvent ornés de jolies gravures qui serviront de modèles pour faciliter l'exécution.

Tous les mois, il paraît un Manuel, au prix de 75 c.

Prix de l'abonnement, pour un an, franco, 7 f. 50 c.

LE MANUEL DES BAIGNEURS,
PAR V. RAYMOND,
Docteur en médecine de la Faculté de Paris.

Indispensable aux personnes qui donnent ou prennent des bains d'eau froide, d'eau chaude ou de vapeur, etc., ainsi qu'aux médecins ; indiquant les cas nombreux où ces bains sont utiles et efficaces pour la santé, la manière de les prendre ; contenant une revue des établissemens français et étrangers, et les avantages présentés par les propriétés de leurs eaux. suivi de l'art de la natation; in-12. Prix : **1 fr. 50 c.**; *franco*, **2 fr.**

Pour paraître incessamment :

MANUEL D'HYGIÈNE

DES GENS DU MONDE,

Par le même.

Traité des crudités (fruits, salades, etc.), les tempéramens auxquels elles conviennent, ceux auxquels elles peuvent nuire; leurs avantages, études historiques et physiologiques sur les individus frugivores; application à l'éducation hygiénique des enfans, et au régime des femmes, des adultes et des vieillards; 1 vol. Prix : 2 fr.

HISTOIRE NATURELLE

Des papillons et des chenilles, à l'usage de l'amateur, contenant le Calendrier du Chasseur de ces insectes, la manière de les conserver, d'en faire des collections inaltérables, d'élever les vers à soie et de les préserver des maladies contagieuses, suivie de l'Art de fixer le duvet des papillons sur le papier, ouvrage orné de 16 belles lithographies, 1 vol. Prix : en noir, 2 fr. 50 c. ; en couleur, 4 fr.

HISTOIRE

DES EMBAUMEMENS; par M. GANNAL.

Un volume in-8° de 350 pages, prix : 5 fr.; par la poste, 6 fr. 25 c.

BIOGRAPHIE
DU CLERGÉ CONTEMPORAIN;
PAR UN SOLITAIRE.

Il n'y a point de clergé plus curieux à connaître
que le clergé séculier de France.

(HUME).

Tous les membres les plus illustres du clergé en
France et à l'étranger figureront dans cette Biographie, qui paraît par livraisons de 36 à 40 pages.

Chaque livraison, ornée d'un beau portrait litho-
graphié, contient une biographie à part, et peut se
prendre séparément. L'ouvrage complet se composera
de 120 livraisons, qui formeront dix volumes, contenant chacun 432 pages de texte, 12 biographies et
12 portraits. Il paraît une livraison tous les samedis.
Prix d'une biographie : 30 c.; par la poste : 40 c.

En souscrivant pour 12, on les reçoit *franco* pour
3 fr. 60 c.

HIC-HÆC-HOC,
PAR FORTUNAT.

J'ai vu les fous, les sots et les méchans de mon temps,
et j'ai publié ces petits livres.

Des douches, des sifflets, des étrivières.

Il paraît 1 volume tous les mois, au prix de 1 fr.
Trois sont en vente.

d'aller explo-
ain et St-Lé-
atrement dif-

uvrir ce que
et je vous as-
de la petite
onnête homme
nt jamais mis
ave au niveau
ercher comme
e de cage d'o-
mme un vrai
ing-dix pieds

h que de me
ue je ne me

connaçou.

M. BUSARD. — C'est une mine d'es-
cargots. Je ne vois pas pourquoi on ne
la louerait pas aux restaurateurs ou aux
fabricants de pâte de limaces.

— M. J. — Pas si vite! Enfin,
dans le panier même qui me servait
de véhicule, j'ai trouvé un culot de
pipe.

M. CRUCHONNET. — C'est une
mine de tabac. La régie nous l'achè-
tera pour faire des cigarres de la Ha-
vane.

LE PRÉSIDENT. — Est-ce tout ce
que vous avez découvert?

M. J. — Vous trouvez que ce n'est
pas assez? Excusez! J'aurais bien trou-

ment tous les briseurs ses affidés, qui
sont tous ou ses parens ou ses amis;
chacun d'eux travaille à se créer un
un crédit comme il a fait. Enfin la
confiance qu'on leur accorde en vient
au point d'être sans bornes, ils doivent des sommes considérables. Mais
tout-à-coup ils culbutent, et ceux qui
ont eu le malheur de s'aventurer avec
eux perdent tout.

Règle générale. Si vous êtes mar-
chand, méfiez-vous des gens qui vous
amènent trop de pratiques et qui ces-
sent de payer comptant.

BIBLIOTHEQUE NATIONALE DE FRANCE
3 7531 04114131 9